Marcel Demuth

Ausländische Direktinvestitionen

Entwicklung, Klassifikation und Relevanz

GRIN Verlag

Bibliografische Information der Deutschen Nationalbibliothek:

Die Deutsche Bibliothek verzeichnet diese Publikation in der Deutschen National-
bibliografie; detaillierte bibliografische Daten sind im Internet über http://dnb.d-
nb.de/ abrufbar.

Impressum:

Copyright © 2011 GRIN Verlag, Open Publishing GmbH
Druck und Bindung: Books on Demand GmbH, Norderstedt Germany
ISBN: 978-3-640-99333-8

Dieses Buch bei GRIN:

http://www.grin.com/de/e-book/177573/auslaendische-direktinvestitionen

Ausländische Direktinvestitionen

– Entwicklung, Klassifikation und Relevanz

Marcel Demuth

International Area Studies

3. Fachsemester

Veranstaltung: Internationale Wirtschaftsräume II

WS 2010/2011

31.03.2011

Inhaltsverzeichnis

Abbildungs- und Kartenverzeichnis

Abkürzungsverzeichnis

BIP	Bruttoinlandsprodukt
EIC	British East India Company
FDI	foreign direct investment
IMF	International Monetary Fund
M&A	Mergers and Acquisitions
OECD	Organisation for Economic Co-operation and Development
TNU	transnationales Unternehmen
UNCTAD	United Nation Conference on Trade and Development
WSP	Weltsozialprodukt
WTO	Welthandelsorganisation

1 Einleitung

In den letzten 60 Jahren hat sich das Weltwirtschaftssystem grundlegend geändert. Heute sind Unternehmen stärker denn je ökonomisch verflochten und immer unabhängiger von räumlichen Entfernungen. Durch den Abbau von Handelshemmnissen[1] und der Einführung von Innovationen im Transport- und Kommunikationsbereich sowie die sich daraus ergebende steigende Mobilität von Menschen, Gütern und Kapital erweiterten Unternehmen ihren Aktionsraum über die nationalstaatlichen Grenzen hinweg und ermöglichten so „[…] eine neuartige Fragmentierbarkeit der Wertschöpfung" (Haas, Neumair, & Schlesinger, 2009, S. S. 79). Vor allem ab den 1970er Jahren ist eine immer stärkere internationale Verflechtung der Wirtschaft, welche unter dem Begriff der „Globalisierung" zusammengefasst wird, zu beobachten (Schenk & Schliephake, 2005). Neben den eigentlichen ökonomischen Aspekten, wie dem Anstieg der Produktionsmenge oder der Ausweitung des internationalen Handels, betraf dieser Internationalisierungsprozess ebenso die Investitionstätigkeiten. Einen wichtigen Anteil an dieser Zunahme haben dabei die so genannten „ausländischen Direktinvestitionen" (engl. foreign direct investment, kurz FDI), die zwar nur einen Teil der globalen Kapitalströme ausmachen, denen aber dabei der größte Einfluss auf den „[…] langfristigen raumwirtschaftlichen Strukturwandel […]" (Schätzl, 2000, S. 190) zugesprochen wird. Auch Herod (2009) argumentiert, dass es zwar neben den ausländischen Direktinvestitionen noch weitere wichtige Investitionsarten gibt, aber durch ihre „[…] multi-locationality and ability to transform" (Herod, 2009, S. 142) kommt den FDIs eine enorm wichtige Stellung in der Weltwirtschaft zu.

Durch ihre steigende Bedeutung rückten FDIs immer mehr in den Blickpunkt des wirtschaftlichen, politischen und öffentlichen Interesses. Bereits seit Mitte der 1980er Jahre übersteigt das Wachstum der FDIs jene des Welthandels und der Weltproduktion (vgl. Abbildung 1) und gilt seitdem als die „[…] dynamischste Komponente im Globalisierungsprozess" (Schätzl, 2000, S. 193).

---

[1] Vor allem in Folge der GATT-Verhandlungsrunden und dem fortschreitenden Liberalisierungsbestreben der 1991 gegründeten Welthandelsorganisation (WTO). Die im Vorfeld des zweiten Weltkrieges stark gestiegenen Handelshemmnisse, u.a. durch den so genannte Smoot-Hawley-Tariff-Act der USA, in Folge dessen Importzölle auf ein historisches Hoch von bis zu 50 Prozent anstiegen, wurden schrittweise abgebaut. Gleichermaßen wurden nichttarifäre Handelshemmnisse im Zuge der Gründung der WTO erstmals rechtliche Gegenmaßen entgegen gestellt.

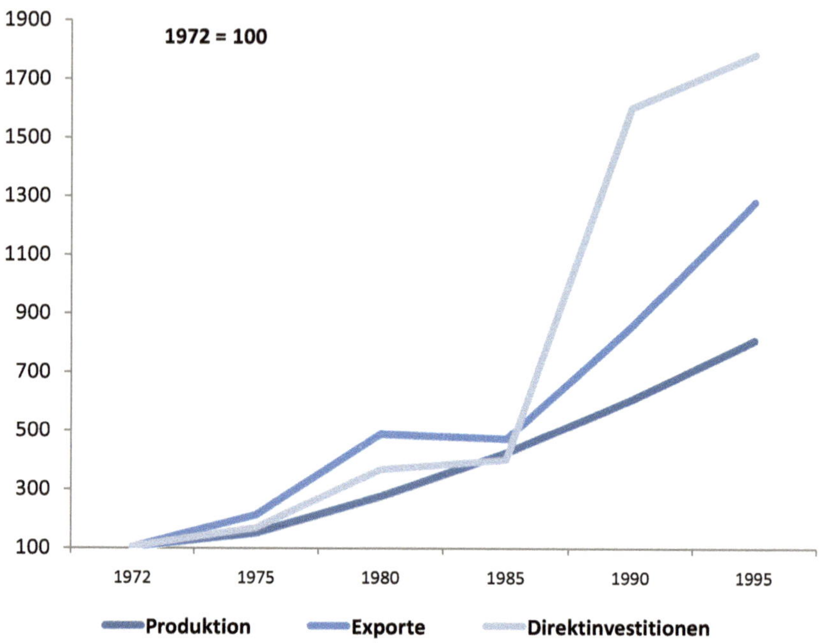

Abbildung 1: Entwicklung der Direktinvestitionen, der Produktion und des Exportes seit 1970 - Indexdarstellung (Quelle: eigene Darstellung nach Daten von Schätzl 2000, S. 125 Tab. 3.21)

Im Rahmen dieser Arbeit wird sich der Thematik der ausländischen Direktinvestitionen im Detail angenommen. Dafür wird zunächst auf die grundlegenden Charakteristika der ausländischen Direktinvestitionen eingegangen. Dies beinhaltet die Vorstellung einer Definition des Begriffes, die verschiedenen Formen und Klassifikation der FDIs sowie jener Akteursgruppe, die einen Großteil der FDIs tätigen, die so genannten transnationalen Unternehmen (TNUs). Im zweiten Kapitel stehen die Motive der TNUs im Bezug auf die Tätigung von FDIs im Mittelpunkt. Im Anschluss werden im dritten Kapitel aus der „gegenüberliegenden" Perspektive die Bedeutung und erhofften Wirkungen in den Zielländern der Investitionen dargestellt. Welche Entwicklungen sich hinsichtlich der ausländischen Direktinvestitionen in den letzten Jahrzehnten vollzogen haben, wird im vorletzten Kapitel vorgenommen. Abgeschlossen wird diese Arbeit mit einem Fazit und einer anschließenden Zusammenfassung.

2 Grundlegende Aspekte ausländischer Direktinvestitionen

2.1 Begriffsklärung

Für den Einstieg in die Thematik wird zunächst der Begriff der ausländischen Direktinvestition definitorisch abgegrenzt. Im Allgemeinen handelt es sich bei diesen Investitionen um einen Teil der internationalen Kapitalströme, die sich neben den FDIs aus privaten Darlehen, Portfolio-Investitionen, Übertragungen und öffentlichen Mitteln zusammensetzen (Schätzl, 2000; Krugman & Obstfeld, 2006). In der wissenschaftlichen Literatur findet sich eine Vielzahl von Ansätzen bezüglich einer Definition des Begriffes. Einige Ansätze sind dabei zum Teil zu allgemein gehalten, da sie unter ausländischen Direktinvestitionen „sämtliche Investitionen privater Firmen in ausländischen Unternehmungen" (Knox & Marston, 2001, S. 362) verstehen. Hinsichtlich einer detaillierten Definition wird zunächst Bezug auf den Begriff der Direktinvestition genommen, die als *„[...] an investment by one firm in another, with the intention of gaining a degree of control over that firm's operations"* (Dicken, 2007, S. 36) abgegrenzt wird. Für die Definition der ausländischen Direktinvestitionen wird dieser Ansatz dahingehend erweitert, dass die Investition über eine nationale Grenze hinweg getätigt wird (Dicken, 2007). Generell wird sich in den meisten Fällen der Abgrenzungsversuche auf die von der Organisation für wirtschaftliche Zusammenarbeit und Entwicklung (OECD) und des Internationalen Währungsfonds (IMF) gemeinsam entwickelte Konzeption des Begriffes ausländische Direktinvestitionen bezogen (Gast, 2006):

„Foreign direct investment reflects the objective of obtaining a lasting interest by a resident entity in one economy [...] in an entity resident in an economy other than that of the investor [...]" (OECD, 2008, S. 7). Das entscheidende Merkmal der FDI ist das Ausüben von langfristigem Einfluss und somit *„[...] the existence of a long-term relationship between the direct investor and the enterprise and a significant degree of influence in the management of the enterprise"* (OECD, 2008, S. 7f).

Zusammenfassend kann konstatiert werden, dass es sich bei ausländischen Direktinvestitionen um dauerhaft angelegte Investitionen eines Unternehmens (Investor) in einem anderen Land als dem des Hauptsitzes des Investors handelt, bei der es zur Gründung eines neuen Unternehmens oder zur Übernahme eines dort ansässigen Unternehmens kommt. Der ausschlaggebende Punkt, der die FDIs von anderen Investitionsarten abgrenzt, ist der Aspekt der Übernahme von Kontrolle. Im Gegensatz zu den Portfolio-Investitionen, die nur zum Zweck der kurz- bzw. mittelfristigen Renditeerfüllung getätigt werden und nicht primär das Ziel der Einflussnahme auf die Geschäftstätigkeiten und Unternehmenspolitik hat, sind FDIs langfristige strategische Investitionen, d.h. es impliziert, dass der Investor eine wirkungsvolle Einfluss-nahme auf die Geschäftsführung hat. In den internationalen Statistiken hat sich als „kritischer Wert" eine Mindestbeteiligung von 10 Prozent durchgesetzt, da erst in diesem Zusammen-hang eine Machtausübung innerhalb des Unternehmens möglich ist (Schätzl, 2000; Dicken, 2007; Arndt & Mattes, 2008; Gast, 2006; Krugman & Obstfeld, 2006; Haas & Neumair, 2007).

2.2 Hauptakteure – transnationale Unternehmen

Beschäftigt man sich mit der Entwicklung von FDIs muss man sich ebenso mit der Entwick-lung der transnationalen Unternehmen auseinandersetzen. Unter einem transnationalen Unter-nehmen versteht man „[…] *a firm that has the power to coordinate and control operations in more than one country, even if it does not own them*" (Dicken, 2007, S. 106). Es handelt sich somit um Unternehmen, die eine global ausgerichtete Unternehmensstrategie verfolgen, somit weltweit agieren und Tochtergesellschaften sowie Zweigbetriebe im Ausland besitzen. Die Geschichte dieser Unternehmen ist deutlich älter als die des Globalisierungsprozesses. Eines der frühsten Beispiele sind Adelsfamilien, die bereits im 14. Jahrhundert grenzüberschreiten-den Handel betrieben und im Bankgeschäft aktiv waren, sowie eigene Bergwerke im Ausland besaßen, welche, lässt man die genaueren Hintergründe außer Betracht, durchaus als eine Art der ausländischen Direktinvestition anzusehen sind (Haas, Neumair, & Schlesinger, 2009). Eines der (vermutlich) ersten tatsächlichen TNU war die British East India Company (EIC), die u.a. Handelsstationen in Indien errichtete. Ausländische Direktinvestitionen im Bereich der Produktion haben ebenso eine lange Geschichte. Bereits weit vor dem ersten Weltkrieg agierten britische Unternehmen international und tätigten Investitionen im Ausland, bspw. baute und kaufte das Unternehmen Unilever in den 1890er Jahren Seifenfabriken in Übersee (Herod, 2009). So waren es zunächst vor allem englische Unternehmen, die Auslandsnieder-lassungen in Europa, China und den USA gründeten und sich so eine Vormachtstellung schu-fen. Zum Ende des 19. Jahrhunderts traten erstmals deutsche Unternehmen hinsichtlich der ausländischen Gründungsaktivitäten in Erscheinung. Unternehmen, wie Bayer, BASF, AEG und Siemens gründeten erste ausländische Tochtergesellschaften (Haas, Neumair, & Schlesinger, 2009).

Die Zahl der TNUs ist in den letzten drei Jahrzehnten exponentiell angestiegen. Aktuell gibt es rund 82.000 transnationale Unternehmen mit rund 800.000 Tochtergesellschaften (UNCTAD, 2010). Im Vergleich zur Gesamtzahl der weltweiten Unternehmen ist das nur ein verschwindend geringer Teil, allerdings ist ein Großteil dieser Unternehmen im Gegensatz zu den TNUs klein und nur lokal orientiert (Dicken, 2007). Die enorme Bedeutung der transnationalen Unternehmen in der globalen Wirtschaft ergibt sich aus verschiedenen Aspekten. Neben einem hohen Anteil am Weltexport und enormen Umsätzen, wird durch die TNUs ein Großteil der FDIs getätigt, wodurch sie heute als Hauptakteure im Globalisierungsprozess gelten (Arndt & Mattes, 2008; Haas, Neumair, & Schlesinger, 2009; Haas & Neumair, 2007).

Welche genauen Motive mit der Tätigung von ausländischen Direktinvestitionen durch ein TNU verfolgt werden, wird im dritten Kapitel genauer beleuchtet. Zunächst wird sich den verschiedenen Formen und Klassifikationsmöglichkeiten der FDIs zugewendet.

2.3   Formen und Klassifikation ausländischer Direktinvestitionen

Nach der Klärung der Fragen, was unter FDIs zu verstehen ist und wer diese tätigt, soll nun aufgezeigt werden, in welcher Form ein transnationales Unternehmen im Ausland investiert. Unter Verwendung der oben aufgeführten Definition lassen sich dabei verschiedene Formen ausländischer Direktinvestitionen unterscheiden (vgl. Abbildung 2):

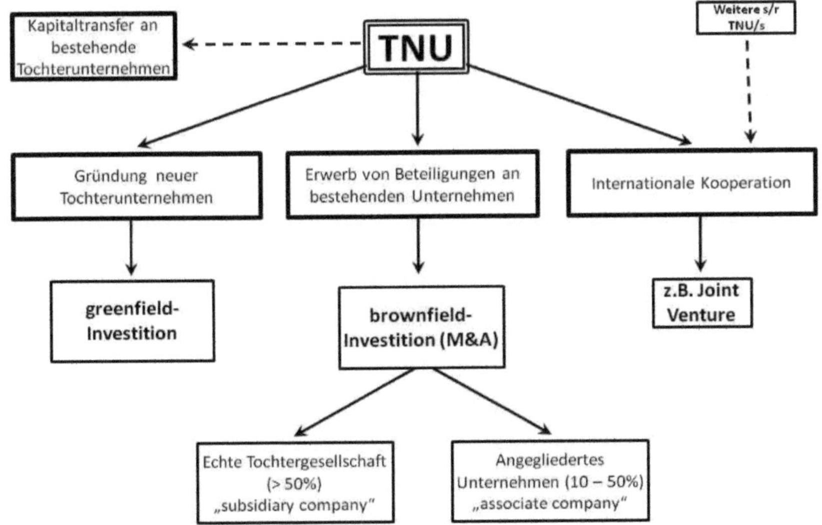

Abbildung 2: Formen der ausländischen Direktinvestitionen (Quelle: eigene Darstellung)

Eine ursprüngliche Form der ausländischen Direktinvestitionen besteht in der Neugründung von Tochterunternehmen oder Zweigbetrieben im Ausland. Diese Form wird als so genannte „*greenfield investment*" bezeichnet. Die Errichtung einer Tochtergesellschaft erfordert dabei einen Kapitaleinsatz von 100 Prozent durch das Mutterunternehmen. Der wichtige Aspekt der „Kontrollübernahme" stellt sich bei dieser Form erst gar nicht, da ein neugegründetes Unternehmen vollständig in die unternehmerische Struktur der Muttergesellschaft integriert ist (Schätzl, 2000; Haas & Neumair, 2007).

Allerdings lässt sich ein Tochterunternehmen ebenso durch den Erwerb von Anteilen eines im Ausland bereits bestehenden Unternehmens gründen. Gemäß definitorischer Abgrenzung und dem ausschlaggebenden Aspekt der Kontrollübernahme, muss dabei eine Mindestbeteiligung von 10 Prozent vorliegen. Dies bezeichnet man als so genannte „*brownfield investment*". Eine weitere Differenzierung dieser Form ist an Hand der Beteiligungshöhe möglich. Bis zu einem Anteil von bis zu 50 Prozent spricht man in solchen Fällen von angegliederten Unternehmen („*associate company*"), alle Beteiligungen über 50 Prozent zählen als echte Tochtergesellschaften („*subsidiary company*"). Diese Investitionsform der Übernahme eines bestehenden ausländischen Unternehmens bzw. einer Fusion mit einem solchen Unternehmen, kurz M&A (aus dem englischen „*Mergers & Acquisitions*"), hat in den letzten Jahren deutlich zugenommen. Mit FDIs werden häufig Neuansiedlungen im Sinne der greenfield-Investitionen verbunden. Tatsächlich hat diese Form seit Anfang der 1980er Jahre sehr stark an Bedeutung verloren. Waren es in der „Frühzeit" noch vorwiegend greenfield-Investments, u.a. im Rohstoffbereich, wurden FDIs ab den 1980er Jahren vermehrt über M&As getätigt. Bereits 1997 erfolgten 58 Prozent der FDIs in Form der M&As (Schätzl, 2000). Gerade die letzte große Wachstumsperiode Anfang der 2000er, welche im letzten Kapitel noch dargestellt wird, ist vor allem auf Mega-Fusionen bzw. Mega-Akquisitionen[2] zurückzuführen. Regelmäßig ziehen diese die mediale Aufmerksamkeit auf sich und beeinflussen auch die internationalen Finanzmärkte (Haas & Neumair, 2007). Problematisch ist dabei, dass mit dieser Form nicht unbedingt eine tatsächliche Investition vorgenommen werden muss und somit bspw. neue Arbeitsplätze geschaffen werden, sondern dass sich lediglich die Besitzverhältnisse ändern (Haas, Neumair, & Schlesinger, 2009; Gast, 2006; Schätzl, 2000).

Eine weitere Form stellen die internationalen Kooperationen dar, die überwiegend in Gestalt von so genannten „*Joint Ventures*" auftreten. Dabei handelt es sich um „[…] eine langfristig und vertraglich festgelegte Beteiligung zweier oder mehrerer Unternehmen […] am Kapital

---

[2] U.a. die Übernahme von Mannesmann durch Vodafone oder die Fusion von Daimler und Chrysler.

eines Unternehmens im Zielland, wodurch ein Gemeinschaftsunternehmen entsteht" (Haas, Neumair, & Schlesinger, 2009, S. 81). Das unternehmerische Risiko ist bei dieser Form der Investition geringer, da es sich auf die verschiedenen Partner aufteilt (Haas, Neumair, & Schlesinger, 2009).

Ebenso spricht man von ausländischen Direktinvestitionen, wenn weitere Kapitaltransfers der Mutterunternehmen an die neugeründeten oder übernommenen Tochtergesellschaften und Zweigbetriebe erfolgen, wobei sich diese nicht auf rein finanzielle Transaktionen beschränken, sondern ebenso den Transfer von Technologie und Humankapital einschließen. Gleichermaßen werden Anteilskäufe von Tochtergesellschaften von mehr als 10 Prozent an einem anderen ausländischen Unternehmen als FDI der Muttergesellschaft gezählt (Gast, 2006).

3 Motive des Internationalisierungsprozesses

Das grundlegende Ziel von TNUs besteht in der Sicherung bzw. der Verbesserung ihrer globalen Wettbewerbsposition, was u.a. mit Hilfe von internationalen Investitionen erreicht werden soll. Im Speziellen drückt sich dies in einer ganzen Reihe von Motiven aus, die sich hinter den Investitionstätigkeiten der TNUs verbergen (Voppel, 1999).

Zum einen verfolgen die Unternehmen markt- und absatzorientierte Motive bei ihren Investitionstätigkeiten. Dies kann die Erschließung oder Aufrechterhaltung eines ausländischen Marktes beinhalten. Hierbei lassen sich binnenmarktorientierte Direktinvestitionen, d.h. die Leistungen werden direkt im Gastland abgesetzt, und exportorientierte Direktinvestitionen, d.h. die Versorgung des Heimatmarktes des TNU oder Drittländer, unterscheiden. Somit handelt es sich im ersten Fall um eine horizontale Direktinvestition, die u.a. unter dem Gesichtspunkt der Umgehung möglicher Marktzutrittsbarrieren getätigt wird. Bestehen in einem Land bspw. Einführbeschränkungen, wird über FDIs versucht, den Markt „von innen" zu erschließen. Im letzteren Fall handelt es sich um eine vertikale Direktinvestition, wobei es hier nicht um einen Marktzutritt, sondern um die Ausnutzung von Faktorpreisunterschieden geht[3] und diese sich daher mit den kostenorientierten Motiven überschneidet. Weitere wichtige Motive dieser Gruppe sind die Marktgröße, die Kaufkraft sowie das Marktwachstum des Ziellandes. Darüber hinaus kommt der so genannten „Kundennachfolge" eine wichtige Bedeutung bei der Tätigung von Direktinvestitionen zu. Dabei folgen Unternehmen ihren Kunden ins Ausland, um die Geschäftsbeziehungen aufrecht zu erhalten, bspw. ein Zulieferunternehmen einem Industriebetrieb. In diesem Zusammenhang spricht man von so genannten „Kielwasserinvestitionen" (Haas, Neumair, & Schlesinger, 2009; Schätzl, 2000).

Eine weitere Begründung des Internationalisierungsprozesses der Unternehmen findet sich in den beschaffungs- und faktororientierten Motiven. In diesem Fall spielen die FDIs eine tragende Rolle bei der Beschaffung von Technologien, Humankapital, Rohstoffen und Vorpro-

---

[3] Für das Erreichen der unterschiedlichen Ziele der TNUs bieten sich verschiedene Strukturen der unternehmerischen Einbindung des neugegründeten oder übernommenen Unternehmens an. Liegen in einem Land durch Importzölle Handelsbarrieren vor, ist es sinnvoll die Güter vor Ort zu produzieren und zu vertreiben. Daher errichtet ein TNU eine Art Kopie der heimischen Produktionsstätte im Ausland. In diesem Zusammenhang wird auch von einer Markterschließung „von innen" gesprochen bzw. wird die Investition im Ausland als „horizontale Direktinvestition" klassifiziert (Haas, Neumair, & Schlesinger, 2009). Liegen stattdessen Faktorpreisunterschiede (bspw. niedriger Löhne oder Lohnnebenkosten) im Ausland vor, investiert das TNU unter dem Gesichtspunkt der Kostenreduktion. Einzelne Teile der Wertschöpfungskette des Unternehmens werden in das „billigere" Ausland verlagert. Diesbezüglich spricht man von einer „vertikalen Direktinvestition" (Arndt & Mattes, 2008; Becker, Jäckle, & Mündler, 2005; Gast, 2006).

dukten. Gerade in Anbetracht der immer knapper werdenden Rohstoffe im Energiebereich werden immer häufiger Auslandsinvestitionen getätigt, um weitere Quellen zu erschließen bzw. zu sichern. Die Verfügbarkeit von, je nach Ansprüchen des Unternehmens, billigen und gering qualifizierten Arbeitskräften (bei arbeitsintensiven Produktionen) oder gut ausgebildeten bzw. hochqualifizierten Arbeitskräften (bei kapitalintensiven Produktionen) kann ebenso zu dieser Motivgruppe gezählt werden. Darüber hinaus sind der Zugang zu anderen geschaffenen Werten, wie Markennamen oder Agglomerationsvorteilen, die sich in Arbeitskräften, Unternehmen oder Cluster wiederspiegeln, eine weitere Investitionsgrundlage (Haas, Neumair, & Schlesinger, 2009; Schätzl, 2000; Voppel, 1999).

Im Prozess einer optimalen Ausrichtung der Wertschöpfungskette eines Unternehmens kommt darüber hinaus der Ausnutzung spezieller Faktorpreisunterschiede eine sehr wichtige Stellung zu. Einer der wichtigsten Aspekte für eine Erhaltung der globalen Wettbewerbsfähigkeit des TNUs liegt daher in der Kosteneinsparung. Die Unternehmen sind auf der Suche nach Investitionsorten mit geringeren Produktions- und Transportkosten oder Lohn- und Lohnnebenkosten. Vor allem diesbezüglich gibt es Diskussionen über die Wirkungen von FDIs, da damit häufig ein Verlust von Arbeitsplätzen („job export") in Verbindung gebracht wird[4] (Haas, Neumair, & Schlesinger, 2009; Voppel, 1999; Schätzl, 2000).

Nicht zuletzt sind aber die politischen Rahmenbedingungen als eine Grundvoraussetzung für FDIs anzusehen. Neben der Stabilität und Transparenz des politischen Systems und der Rechtsordnung (u.a. Investitions- und Enteignungsschutz), die als eine Minimalanforderung an das Zielland anzusehen sind, ist eine angemessene und effektive Wirtschaftspolitik sowie eine global orientierte Handels- und Industriepolitik eine weitere Grundlage für Direktinvestitionen. Das Vorhandensein von bestimmten Investitionsanreizen und –förderinstrumenten in Form von Subventionen, Steuervergünstigungen oder der Zugang zu günstigen Krediten kann ebenso eine Basis einer Investition sein. Desgleichen spielen Vorschriften insbesondere im Umwelt- oder Arbeitsschutzbereich eine wichtige Rolle bei der Entscheidung über Investitionen. Vor allem im Grundstoff- und Produktionsgüterbereich werden FDIs getätigt, wenn im Zielland diesbezüglich niedrige Umweltschutzauflagen vorliegen. Gleichermaßen ist es für das Unternehmen von Vorteil wenn in der Bevölkerung ein geringes Umweltbewusstsein besteht. Nicht zuletzt müssen aber bestimmte grundlegende strukturelle Rahmenbedingungen

---

[4] Ein Beispiel aus Deutschland ist in diesem Zusammenhang die Verlagerungen des NOKIA-Werkes in Bochum an einen anderen Standort in Rumänien (Louven, 2008).

vorliegen, u.a. eine sehr gut ausgebaute Infrastruktur (Haas, Neumair, & Schlesinger, 2009; Schätzl, 2000; Voppel, 1999).

Ob ein Unternehmen in einem anderen Land eine Investition tätigt, hängt somit von vielen Faktoren ab. Grundlegend müssen bestimmte politische und rechtliche Voraussetzungen vorliegen. Je nach Motiv des Investors sind anschließend die jeweiligen spezifischen ökonomischen Voraussetzungen ausschlaggebend für eine Investition (Schätzl, 2000).

Neben den Unternehmen erhoffen sich ebenso die Zielländer bestimmte Effekte und Auswirkungen durch den Zustrom an ausländischen Direktinvestitionen. Ein Überblick darüber soll im nächsten Abschnitt gegeben werden.

4 Bedeutung und Relevanz für die Zielländer

Nach Ansicht einiger Wissenschaftler (u.a. Hemmer 1988) lassen sich die Effekte ausländischer Direktinvestitionen in den Zielregionen, ob nun positiv oder negativ, nicht verallgemeinern. Vielmehr müssten die direkten und indirekten Auswirkungen jeder einzelnen Investition analysiert werden (Schätzl, 2000). Dahingegen besagen Knox & Marston (2001), dass FDIs grundsätzlich positive Wirkungen auf die Zielregionen haben. Durch den Import ausländischen Kapitals kommt es bspw. zur Kompensation mangelnder Spar- und Investitionstätigkeiten, was wiederum Wachstumsimpulse auf die einheimische Wirtschaft zur Folge hat. Vor allem in Entwicklungsländern kommt es zur Erhöhung des Volkseinkommens in Form von Löhnen und Gehältern für einheimische Arbeitskräfte und der Staatseinnahmen in Form von Steuern und Abgaben. Weiterhin wird argumentiert, dass es zu einem Technologietransfer durch die TNUs in den Zielländern kommt (Knox & Marston, 2001). Hier ist der Fakt zu nennen, dass Entwicklungsländer ein Großteil ihres technischen Wissens auf diese Weise gewinnen (Schätzl, 2000). Zusätzlich geht man von einem Wettbewerbseffekt aus. Die Tochtergesellschaften, die häufig technologische und managementbezogene Vorteile gegenüber einheimischen Unternehmen haben, sollen Wettbewerbsimpulse auf die inländische Industrie ausüben und somit zu einem innovativen und marktorientierten Unternehmensverhalten führen. Nicht zuletzt erhofft man sich durch den Zustrom von FDIs aber vor allem einen Beschäftigungseffekt, da durch die Gründung von Tochtergesellschaften neue Arbeitsplätze entstehen (Welge & Holtbrügge, 2006).

Allerdings gibt es zum Teil erheblich abweichende Ansichten über diese positiven Effekte. Beispielsweise haben empirische Studien[5] belegt, dass die makroökonomischen Wachstumsimpulse gerade für Entwicklungs- und Transformationsländer häufig nur sehr gering sind (Welge & Holtbrügge, 2006). Ebenso gibt es bezüglich des Technologietransfers divergierende Meinungen über die Wirkungen. Da eine Motivation der TNUs die Ausnutzung von Lohnkostenvorteilen ist, wird häufig arbeits- und nicht kapitalintensive Technologie in das Gastland transferiert. Zusätzlich spricht ein weiterer Fakt gegen den Effekt des Technologietransfers. Eine Muttergesellschaft wird keine Hochtechnologie in ein Land transferieren, in dem die Geheimhaltung schwierig ist bzw. Industriespionage ein Problem darstellt. Ferner wird der Beschäftigungseffekt häufig mit jenem Argument wiederlegt, dass es den TNUs nicht um die

---

[5] Es wird argumentiert, dass es keine einheitlichen Ergebnisse bezüglich dieses Aspektes gibt, u.a. stellen Studien von verschiedensten Autoren grundsätzlich positive Wirkungen fest, wohingegen in einige Arbeiten keine Wirkungen oder gar negative Effekte empirisch belegt werden (Krüger & Ahlfeld, 2005).

Schaffung einer hohen Zahl an Arbeitsplätzen geht, sondern vielmehr möchte sie eine hohe Arbeitsproduktivität realisieren. Gerade durch die Übernahmen von Unternehmen mit veralteter Produktionstechnik kommt es durch Einführung modernerer Technologien zum Arbeitsplatzabbau. Aber zumindest diese direkt auftretenden negativen Effekte werden häufig durch positive Beschäftigungseffekte bei inländischen Zulieferern und Abnehmern kompensiert (Welge & Holtbrügge, 2006). Weiterhin wird das Argument des Wachstumseffektes abgeschwächt, da nur ein Teil der gesamten Wertschöpfung im Land verbleibt. So fließt ein Teil der Gewinne und der Gehälter von ausländischen Arbeitskräften wieder aus dem Land ab. Einer der gravierendsten negativen Effekte der FDIs bezieht sich vor allem auf die Entwicklungsländer. So können FDIs zu einer ökonomischen und politischen Abhängigkeit führen. Gerade in den Entwicklungsländern befinden sich die wichtigsten Industriebereiche teilweise oder gar vollständig in der Hand ausländischer Unternehmen. Für diese Länder entsteht eine prekäre Situation: Transferieren die Unternehmen ihre Gewinne an die Muttergesellschaften kommt es zu Kapitalverlust und somit zu Wachstumshemmnissen, eine Reinvestition erhöht aber die Abhängigkeit des Landes an den TNUs (Schätzl, 2000).

5 Entwicklung der Ausländischen Direktinvestitionen

Zum Abschluss der Arbeit sollen die Entwicklungen bezüglich der ausländischen Direktinvestitionen dargestellt werden, wobei zunächst auf die allgemeinen Entwicklungen und im Anschluss auf die sektorale und regionale Verteilung eingegangen wird.

5.1 Allgemeine Entwicklungen

Zunächst ein kurzer historischer Rückblick. Bereits vor den „Boomjahren", die im Folgenden
benannt werden, gab es bereits rege Tätigkeiten bezüglich internationaler Investitionen, was
ebenfalls die frühe Existenz von transnationalen Unternehmen (Bsp. EIC) unterstreicht. In den
meisten Arbeiten, die sich mit ausländischen Direktinvestitionen im 18. und frühen 19. Jahrhundert auseinander setzen, wird deren Bedeutung und Ausmaß allerdings unterschätzt, was
vor allem durch die sehr enge Definition der FDI zur damaligen Zeit begründet wird. Daher
gibt es keine verlässlichen Angaben über die Höhe der FDIs in dieser Zeit. Der frühsten
Schätzung zufolge bezifferte sich der globale FDI-Bestand[6] im Jahre 1914 auf rund 14,3 Mrd.
US-Dollar, was einem Anteil von 9 Prozent am Weltsozialprodukt (WSP) entsprach (Winder,
2006; Welge & Holtbrügge, 2006). In der Periode zwischen den beiden Weltkriegen kam es
durch das protektionistische Verhalten und der Konzentration auf die Kriegswirtschaft zu einer deutlichen Verringerung des weltweiten FDI-Bestandes, wodurch nach Ende des Zweiten
Weltkrieges der Anteil am WSP lediglich noch 5 Prozent betrug (Herod, 2009).

In den Nachkriegsjahren stiegen die FDI-Bestände kontinuierlich mit geringen Wachstumsraten. Bis in die 1970er Jahre und der ersten Hälfte der 1980er Jahre verlief das Wachstum, wie
bereits in der Einleitung beschrieben, parallel mit dem Anstieg des Welthandels und der Pro-

---

[6] Bezüglich einer statistischen Betrachtung der ausländischen Direktinvestitionen ist die Differenzierung in verschiedene Kennzahlen von Bedeutung. Grundsätzlich können zwei Gruppen unterschie-
den werden: die Bestands- und die Stromgrößen. Ersteres sind Bestandteil der Zahlungsbilanzen je-
des Landes und daher sehr kurzfristig verfügbar, letzteres wird über Unternehmungsbefragungen
ermittelt und steht daher erst nach ein bis zwei Jahren zur Verfügung. Zusätzlich zu dieser Unter-
gliederung ist es sinnvoll, ähnlich wie bei Im- und Export, nach eingegangenen und ausgegangen
FDIs zu unterscheiden. Daher ergeben sich vier Kenngrößen. Der FDI-stock outward (abroad) ist der
Bestand an Direktinvestitionen der TNUs aus dem eigenen Land im Ausland, wohingegen der FDI-
stock inward jener Investitionsbestand ist, den ausländische TNUs im eigenen Land besitzen. Hinsichtlich der Stromgrößen lassen sich FDI-inflow, d.h. der Zufluss an ausländischen FDIs in das eigene Land, und der FDI-outflow, folgerichtig die eigenen Investitionen im Ausland, unterscheiden. Im
Gegensatz zu den Bestandsgrößen werden diese Größen pro Jahr angegeben (Gast, 2006; Haas &
Neumair, 2007; Schätzl, 2000).

duktion (vgl. Abbildung 1). Seit Beginn der 1980er Jahre traten die FDIs aber immer deutlicher in den Vordergrund und stiegen ab 1985 sehr viel stärker im Vergleich zu den anderen ökonomischen Kenngrößen. Bis auf wenige Ausnahmen liegen ab dem Jahr 1986 die jährlichen Wachstumsraten im zweistelligen Bereich. Hinsichtlich der Entwicklung des globalen Gesamtbestandes an FDIs lassen sich mehrere Wachstumsphasen unterscheiden, die durch zum Teil sehr tiefgreifende, aber dennoch nur sehr kurzfristige Krisen unterbrochen wurden (vgl. Abbildung 3). Ab Mitte der 1980er Jahre ist eine deutliche Dynamisierung des Wachstums ersichtlich. Zwar stieg ebenso der Welthandel, allerdings nicht in den Dimensionen wie es die Direktinvestitionen taten. Dies ist als ein klares Zeichen dahingegen zu deuten, dass nicht mehr der Welthandel die ausschlaggebende Größe bezüglich der Vernetzung der Weltwirtschaft war, sondern es eine Bedeutungsverschiebung hin zu den ausländischen Direktinvestitionen gab (Dicken, 2007). Diese Phase wurde durch eine kurze Stagnation in Folge einer Rezession Anfang der 1990er Jahre unterbrochen. Im Anschluss stiegen die Wachstumsraten auf ein nie dagewesenes Niveau, was durch durchschnittliche Wachstumsraten von rund 16 Prozent bis zum Jahr 2000 unterstrichen wird. Durch das Platzen der „Dotcom-Blase" Anfang des neuen Jahrtausends waren erstmals seit Ende des zweiten Weltkrieges die FDI-Bestandszahlen rückläufig. Nach 2002 setzte allerdings wiederum eine Wachstumsperiode ein, die, in Anbetracht der durchschnittlichen Wachstumsraten von rund 20 Prozent, noch weitaus dynamischer verlief als die vorherige. Mit dem Einsetzen der jüngsten globalen Weltwirtschaft- und –finanzkrise kam es allerdings im Jahr 2008 zu einem drastischen Einbruch der weltweiten FDI-Bestände um rund 16 Prozent innerhalb eines Jahres. Aber auch an diese Krise schloss sich ein erneuter Anstieg an, der bis zum aktuellen Zeitpunkt anhält. Insgesamt hat sich über diese Entwicklung der globale FDI-Bestand seit 1980 mehr als verdreißigfacht. Bezifferte sich der Bestand im Jahre 1980 auf rund 550 Mrd. US-Dollar, wuchs der Bestand bis 2009 auf rund 19.000 Mrd. US-Dollar.

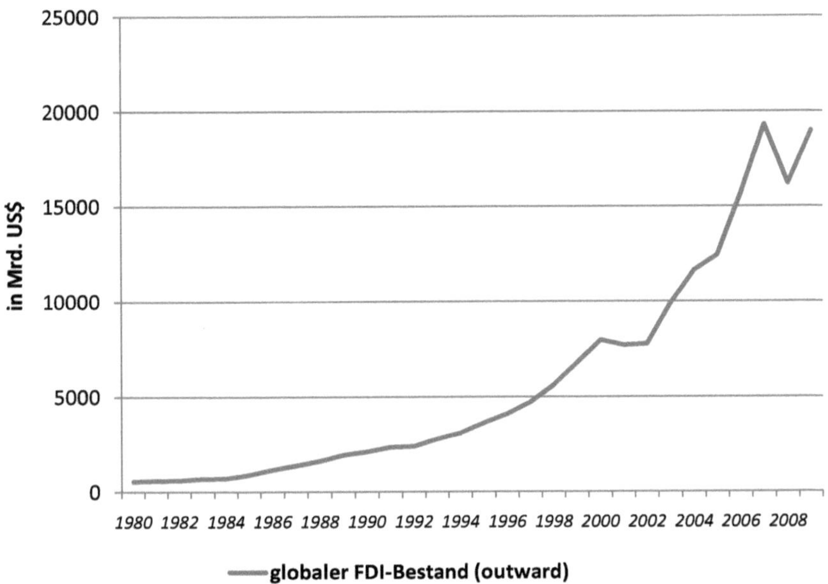

Abbildung 3: Entwicklung des weltweiten FDI-Bestandes 1980 bis 2009 (Quelle: eigene Darstellung nach Daten der UNCTAD)

Im folgenden Abschnitt soll im speziellen aufgezeigt werden, welche Trends hinsichtlich der sektoralen Verteilung ausländischer Direktinvestitionen erkennbar sind.

5.2 Sektorale Verteilung der FDIs

In den 1950er Jahren konzentrierten sich FDIs auf den Rohstoffbereich und andere Produkte aus dem primären Sektor. Ab den 1970er Jahren begann die vermehrte Investition im tertiären Sektor und einem kontinuierlichen Rückgang des primären Sektors als Ziel für ausländische Direktinvestitionen. Lag der Anteil aller FDIs im Rohstoffbereich Anfang der 1970er Jahre bei rund 25 Prozent, ist dieser Anteil auf rund 10 Prozent zurückgegangen und unterstreicht damit einen klaren Trend zu Investitionen im Dienstleistungsbereich (UNCTAD, 1991; Herod, 2009; Haas & Neumair, 2007). Eine genauere Darstellung der sektoralen Verteilung in den letzten 20 Jahren ist auf Grund unterschiedlichster Branchen- und Sektorenabgrenzungen nicht an Hand absoluter Zahlen möglich. Eine Kennzahl, die zumindest den allgemeinen Trend im Bezug auf die sektorale Verteilung zulässt, sind die Werte der M&As. Die in Abbildung 4 dargestellte Verteilung der grenzüberschreitenden Unternehmenszusammenschlüsse und –übernahmen unterstreicht den allgemeinen Trend. So verschoben sich die Anteile des primären Sektors seit 1988 zu Gunsten des tertiären Sektors von einst rund 33 Prozent auf aktuell rund 50 Prozent. Der primäre und sekundäre Sektor haben im Zeitverlauf eindeutig an Anteilen verloren bzw. stagnierten auf einem sehr niedrigen Niveau. Mit nur wenigen Prozenten hat der primäre Sektor mehrere Jahrzehnte nur eine untergeordnete Rolle bezüglich der FDIs gespielt. Allerdings ist zum Ende der Zeitachse ein starker Wachstumstrend in diesem Sektor zu beobachten. Seit der Jahrtausendwende wird wieder vermehrt im Rohstoffbereich investiert, insbesondere durch die so genannten BRIC-Staaten[7]. Ein Anhaltspunkt dafür sind die drastisch gestiegenen chinesischen FDIs in südamerikanische und afrikanische Bergbauunternehmen (Haas, Neumair, & Schlesinger, 2009). Welche Bedeutung diese BRIC-Staaten im globalen Maßstab haben und welche weitere regionale Besonderheiten in Hinblick auf die FDIs zuerkennen sind, wird im folgenden Abschnitt thematisiert.

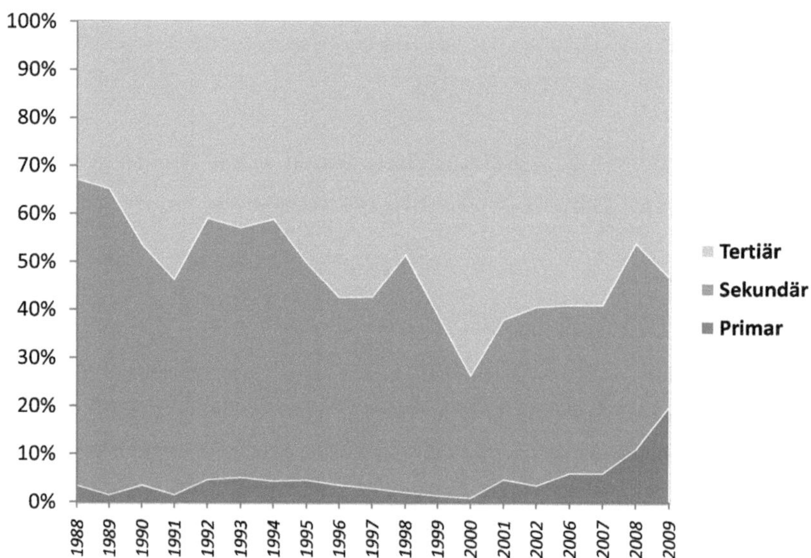

Abbildung 4: sektorale Verteilung der M&As mit einem Wert von über 1 Mrd. US-Dollar (Quelle: eigene Darstellung nach Daten des Word Investment Report 2003 und 2010)

---

[7] Mit der Bezeichnung „BRIC-Staaten" werden die Länder Brasilien, Russland, Indien und China zusammengefasst.

5.3 Regionale Verteilung der FDIs

Nach der allgemeinen und sektoralen Darstellung soll zum Abschluss dieser Arbeit auf die räumliche Verteilung der FDIs und auf deren Besonderheiten eingegangen werden. Dies lässt sich zum einen an Hand der FDI-Bestände und zum anderen über die FDI-Ströme darstellen, aber gleichermaßen mit Hilfe einer Übersicht über die länderspezifische Anzahl an TNUs, die ein guter Indikator für die Investitionstätigkeiten eines Landes sind.

Die allgemeinen Entwicklungen in der regionalen Verteilung der FDIs werden durch den Vergleich von Karte 1 und 2 deutlich. Dort dargestellt sind die Direktinvestitionsbestände im Ausland. Es wird ersichtlich, dass 1980 nur eine sehr begrenzte Anzahl an Ländern FDI-Bestände aufweisen konnten. Lediglich die Vereinigten Staaten von Amerika, Kanada, Deutschland, Frankreich, Großbritannien und Japan hatte Bestände von über 2,5 Mrd. US-Dollar (vgl. Karte 1). Die Vormachtstellung dieser Länder hat historische Wurzeln. 1914 befanden sich 43 Prozent der gesamten weltweiten FDI-Bestände in englischen, 20 Prozent in französischen und 13 Prozent in deutschen Unternehmen. Der Anteil von amerikanischen Unternehmen lag zwar lediglich bei 7 Prozent, hat sich seitdem aber rapide ausgeweitet (Welge & Holtbrügge, 2006). Im Jahre 1960 befanden sich beinahe 50 Prozent aller weltweiten FDI-Bestände in amerikanischer Hand und erhöhten sich bis 1980 weiter.

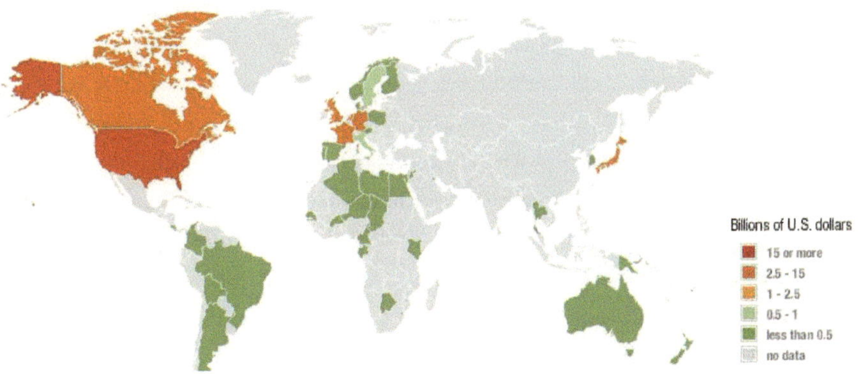

Karte 1: Verteilung der Ausländischen Direktinvestitionsbestände im Ausland 1980 (Quelle: Internationaler Währungsfond)

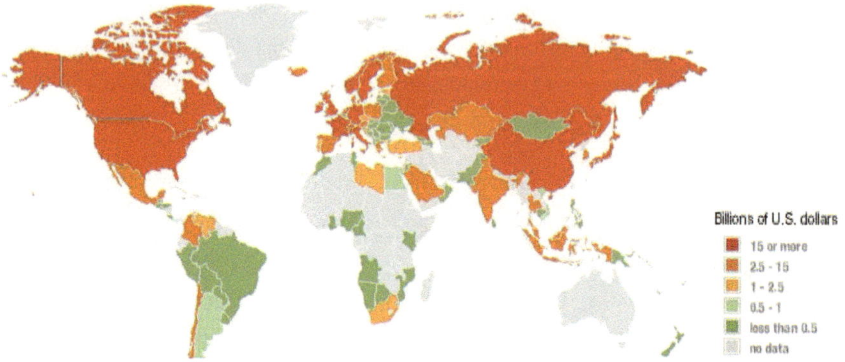

Dieser Zustand der räumlichen Konzentration der FDI-Bestände hat sich bis zum Jahr 2009 deutlich verändert. Zwar liegt immer noch ein Großteil der Bestände in den Händen von nur wenigen Ländern, da rund 90 Prozent der FDI-Bestände sich auf gerade einmal 15 Ländern verteilt. Dabei konzentrieren sich rund ein Drittel der weltweiten FDI-Bestände auf die USA und Großbritannien. Allerdings ist eine deutlich differenziertere Verteilung der FDI-Bestände im Jahr 2009 zu beobachten (vgl. Karte 2). Auch ist der Anteil der amerikanischen Unternehmen seit ihrem Höchststand kontinuierlich gesunken. Allerdings sind die USA heute immer noch Spitzenreiter bezüglich der weltweiten FDI-Bestände. Der Anteilsverlust der USA ging mit einem Bedeutungszuwachs der EU-Länder auf Grund der „supranationalen Integration" einher. Dies begründet sich aus zwei Aspekten: Durch die Errichtung eines Europäischen Binnenmarktes 1992 erhöhte sich die Attraktivität des Wirtschaftsraumes durch Wegfall von Handelshemmnissen, gleichzeitig befürchtete man die zunehmende handelspolitische Abschottung nach außen, was schlussendlich bereits vor Zustandekommen des Binnenmarktes den Zustrom und somit insgesamt den Bestand an FDIs erhöhte (Schätzl, 2000). Insgesamt ist im Bezug auf die Höhe der Bestände somit eine starke Konzentration auf die Industrieländer zu beobachten, die rund 85 Prozent der ausländischen Direktinvestitionsbestände halten. Diese Dominanz zeigt sich ebenso bei den jährlichen Investitionsströmen. Ein Großteil dieser Ströme fließt zwischen den Industrienationen des Nordens (Herod, 2009). Die starke Verknüpfung zwischen Nordamerika und der EU bezüglich der FDIs wird ebenso an Hand folgender Zahlen deutlich: 2001 erzielten US-Tochtergesellschaften rund 46 Prozent ihrer Umsätze in Europa, im umgekehrten Fall betrug der europäische Anteil an den durch ausländische Tochtergesellschaften in den USA erwirtschafteten Umsatz im Jahr 2001 rund 53 Prozent (Zemanek, 2004). Dennoch hat sich die regionale Verteilung der Bestände deutlich differenziert in Anbetracht einer deutlich höheren Zahl an Ländern, aus denen Unternehmen ausländische Direktinvestitionen tätigen. Zum einen sind erdölexportierende Länder sowie so genannte Offshore-Zentren [8] als Investoren in Erscheinung getreten (Haas, Neumair, & Schlesinger, 2009). Zum anderen treten Länder, welche zu den Entwicklungs- und Schwellenländern zählen, ebenso durch Investitionstätigkeiten in den Vordergrund. Lange Zeit spielten die Entwicklungs- und Schwellenländer bezüglich der ausländischen Direktinvestitionen nur eine untergeordnete Rolle. Vor allem in Afrika gab es mit einigen wenigen Ausnahmen kaum Investitionstätigkeiten. Nur Südafrika, einige erdölfördernden Länder, wie Nigeria, sowie Ägypten und Tunesien waren Ziel ausländischer Direktinvestitionen im nennenswerten Umfang, tätigten aber keine eigenen Investitionen im Ausland (Schätzl, 2000; Welge & Holtbrügge, 2006).

Allerdings ist in der jüngsten Vergangenheit ein deutlicher Trendwechsel ersichtlich. Die Anteile der Entwicklungs- und Schwellenländer steigen kontinuierlich, wobei sich dieser jedoch auf nur wenige Länder konzentriert (Krüger & Ahlfeld, 2005; Haas, Neumair, & Schlesinger, 2009). Vor allem sind diesbezüglich die so genannten BRIC-Staaten hervorzuheben. Dabei handelt es sich um Länder, welche in den letzten Jahrzehnten bemerkenswerte Fortschritte bezüglich ihrer wirtschaftlichen Entwicklung vollzogen haben. Vor allem China und Indien sind dadurch in den letzten Jahren vermehrt Ziele von ausländischen Direktinvestitionen geworden. Dies wird umso deutlicher, wenn man sich folgende Zahlen vor Augen führt. 1980 war China als Ziel für FDIs vollkommen unbedeutend, im Jahr 2009 hat es die USA als Spitzenreiter bezüglich des FDI-inflows abgelöst (Haas, Neumair, & Schlesinger, 2009; Schätzl, 2000; Welge & Holtbrügge, 2006). In Indien ist ein ähnlicher Prozess zu beobachten. Nach der außenwirtschaftlichen Öffnung des Landes Anfang der 1990er Jahre stiegen die FDIs stark an: Zwischen 1985 und 1990 flossen durchschnittlich 170 Mil. US-Dollar pro Jahr nach Indien, 2004 waren es bereits 5,3 Mrd. US-Dollar (Welge & Holtbrügge, 2006). Bemerkenswerter ist aber der Aspekt, dass diese Länder nicht mehr nur Ziel- sondern auch Herkunftsregion von ausländischen Direktinvestitionen sind. 1990 kamen die BRIC-Staaten zusammen

---

[8] Offshore-Zentren bezeichnen so genannte Steueroasen, wie beispielsweise die Bermudas oder Cayman Inseln.

auf eine Investitionssumme von rund 1,4 Mrd. US-Dollar. Im Jahr 2009 lag die Gesamtsumme der ausländischen Direktinvestitionen bei rund 140 Mrd. US-Dollar (vgl. Abbildung 5). Zunächst investierten Unternehmen dieser Länder vorwiegend im Rohstoffbereich, was durchaus als eine Begründung für den starken Anstieg der M&As im primären Sektor seit 2000 anzusehen ist (vgl. Abbildung 4) bzw. in anderen Entwicklungs- und Schwellenländern, u.a. in Afrika. Mitte 2008 lag das Volumen der chinesischen Direktinvestitionen auf dem „schwarzen Kontinent" bei rund 4,5 Mrd. Euro (Gresh, Radvanyi, Rekacewicz, Samary, & Vidal, 2009).

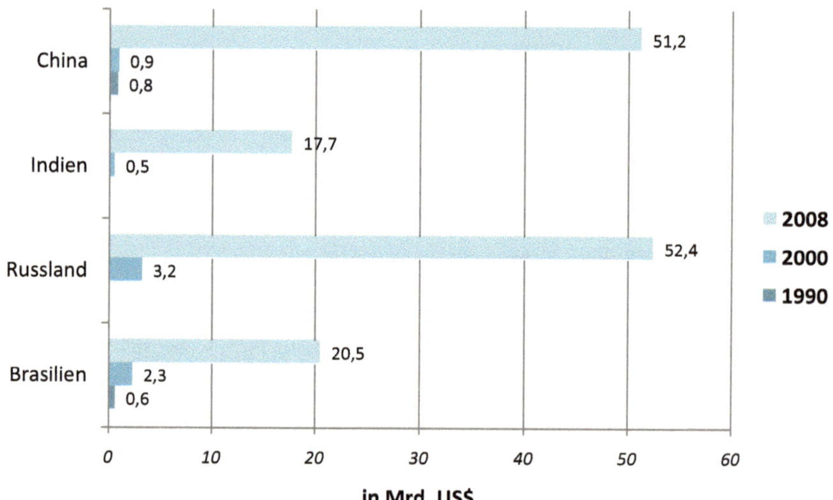

Abbildung 5: FDI-outflows der BRIC-Staaten 1990, 2000 und 2008 (Quelle: eigene Darstellung nach Daten der UNCTAD)

Da es vor allem die transnationalen Unternehmen sind, welche FDIs tätigen, lässt sich an Hand dieser Zahlen bestätigen, dass es in der jüngsten Vergangenheit zur Entstehung von TNUs auch außerhalb der „traditionellen" Industrieräume Europas und Nordamerikas kam. Diese neu entstehenden Unternehmen in den Schwellen- und Entwicklungsländern werden dabei als so genannten „emerging multinationals" oder „southern multinationals" bezeichnet. Führt man sich die Entwicklung der Anzahl der Transnationalen Unternehmen insgesamt und den Anteil, welcher davon auf die Industriestaaten fällt, vor Augen, wird die abnehmende Dominanz der Industrieländer deutlich (vgl. Abbildung 6). Waren 1992 mehr als 90 Prozent der TNUs in den wirtschaftlichen Kernräumen Nordamerikas und Westeuropas konzentriert, sank deren Anteil bis 2009 auf rund 70 Prozent. Der Anteil der Unternehmen aus den BRIC-Staaten an diesen neuen „Global Playern" beträgt dabei allerdings „nur" rund 25 Prozent: von den 2008 insgesamt in Entwicklungs- und Schwellenländern bestehenden TNUs (rund 21.000) kamen 3.500 aus China, 1.000 aus Russland, 815 aus Indien und 220 aus Brasilien (Sauvant, Maschek, & McAllister, 2009). Allerdings dürften diese mit zu den einflussreichsten Unternehmen aus dieser Ländergruppe zählen, denn von den 500 größten weltweit operierenden Unternehmen stammten 2007 bereits 20 aus China, 6 aus Indien und 5 bzw. 4 aus Russland bzw. Brasilien (Santiso, 2007).

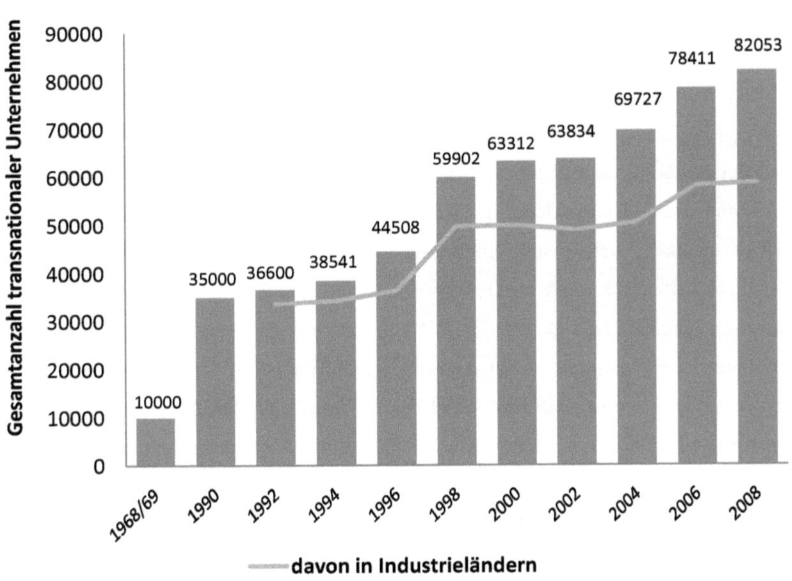

Abbildung 6: Anzahl der weltweit existierenden transnationalen Unternehmen und Anteil der Industrieländer am Gesamtunternehmensbestand (Quelle: eigene Darstellung nach Daten UNCTAD)

6 Fazit und Zusammenfassung

In Anbetracht dieser Entwicklungen wird es in naher Zukunft zu einer steigenden Zahl an global agierenden Unternehmen aus den Entwicklungsländern und vor allem den Schwellenländern kommen. Sie werden versuchen, sich ihren Platz im globalen Wettbewerb um Märkte, Rohstoffe und Kapital zu sichern, in Folge dessen ein Machtverlust der bereits bestehenden, älteren Unternehmen in den Industrieländern zu erwarten sein wird. Dass diese Unternehmen das Potenzial dazu haben, zeigen Übernahmen in der jüngsten Vergangenheit bspw. des indischen Stahlkonzern Mittal, der im Jahr 2006 seinen europäischen Konkurrenten Arcelor aufkaufte (Santiso, 2007).

Zusammenfassend lässt sich konstatieren, dass die Veränderungen im globalen Weltwirtschaftssystem der letzten 60 Jahre neben weiteren wichtigen Faktoren auch durch die ausländischen Direktinvestitionen geprägt wurden. Vor allem im Globalisierungsprozess ab den 1970er Jahren nahmen die FDIs eine Schlüsselposition ein. Grundlegend werden unter diesem Begriff alle grenzüberschreitenden Investitionen, die das Ziel der Neugründung eines Unternehmens oder der Kontrollübernahme eines bereits im Ausland bestehenden Unternehmens haben, verstanden. Die Hauptakteure im Bezug auf die Tätigung von FDIs sind die transnationalen Unternehmen, welche sich durch eine global ausgerichtete Unternehmensstrategie und einem weltweiten Netzwerk aus Produktionsstätten und Zweigbetrieben kennzeichnen. Im Rahmen der Investitionstätigkeiten der TNUs lassen sich vier Hauptformen unterscheiden: Neugründungen von Unternehmen im Ausland (greenfield-investments), Übernahmen von bereits bestehenden Unternehmen (brownfield-investments oder M&As), internationale Kooperationen (insb. in Form von Joint Ventures) und weitere Kapitaltransfers an bereits bestehenden Tochtergesellschaften und Zweigbetrieben. Als Begründung für eine Investitionstätigung können verschiedene Motive der TNUs genannt werden. Neben markt- und absatzorientierten Motiven, bei denen es insbesondere um den Marktzutritt geht, gibt es beschaffungs- und faktororientierte Gründe, u.a. die Beschaffung von Technologien, Rohstoffen und Humankapital. Darüber hinaus sind es häufig Motive der Kosteneinsparung über das Vorhandensein von Faktorpreisunterschieden. Nicht zuletzt sind aber die allgemeinen strukturellen, politischen und rechtlichen Rahmenbedingungen ein ausschlaggebender Aspekt der Investitionsentscheidung. Die Zielländer dieser Investitionen erhoffen sich abermals gewisse positive Effekte. Allerdings werden in der Literatur die Wirkungen von FDIs kontrovers diskutiert. Jeder positiven Wirkung, seien es Wachstumsimpulse, Technologietransfer, Wettbewerbs- oder Beschäftigungseffekte, wird häufig eine gegenläufige Wirkung unterstellt. Hinsichtlich der Entwicklung der FDIs lässt sich zusammenfassend festhalten, dass vor allem ab Mitte der 1980er Jahre mehrere erstaunliche Wachstumsphasen einsetzten, unterbrochen nur von kurzen, aber teilweise sehr heftigen Krisen. Insgesamt hat sich der FDI-Bestand so bis zum Jahr 2009 im Vergleich zum Jahr 1980 verdreißigfacht. Auch gab es einen Trendwechsel bezüglich der sektoralen Verteilung der FDIs. Waren es bis in die 1950er Jahre vor allem Investitionen im primären Sektor, insbesondere im Rohstoffbereich, erfolgte ab den 1980er Jahren eine Verschiebung hin zu Investitionen im tertiären Sektor. Dieser Trend ist allerdings seit der Jahrtausendwende rückläufig und es wird wieder vermehrt im primären Bereich investiert. Hinsichtlich der regionalen Verteilung wird eine historisch begründete Dominanz der Industrienationen, insbesondere der Vereinigten Staaten von Amerika, deutlich. Allerdings hat sich die regionale Verteilung seit 1980 deutlich differenziert. Vor allem die BRIC-Staaten drängen immer stärker auf ausländische Märkte. In diesem Zusammenhang zeigt sich ein Anstieg der Anzahl an TNUs aus diesen Ländern bzw. aus anderen Entwicklungs- und Schwellenländern, wobei diesbezüglich von „emerging multinationals" gesprochen wird. Die Vormachtstellung der „traditionellen" industriellen Kerngebiete und deren Unternehmen geht im Rahmen dieser Entwicklung schlussendlich immer weiter zurück.

Arndt, C., & Mattes, A. (2008). *Mikroökonomische Determinanten und Effekte von FDI am Beispiel Baden-Württemberg.* IAW-Diskussionspapiere, Institut für Angewandte Wirtschaftsforschung, Tübingen.

Becker, S. O., Jäckle, R., & Mündler, M.-A. (2005). *Kehren deutsche Firmen ihrer Heimat den Rücken? - Ausländische Direktinvestitionen deutscher Unternehmen.* ifo Schnelldienst, 58. Jg., 1/2005, ifo Institut, München.

Dicken, P. (2007). *Global Shift - Mapping the Changing Contours of the World Economy.* London, Thousand Oaks, New Dehli: Sage.

Gast, M. (2006). *Determinanten ausländischer Direktinvestitionen - OECD-Länder als Investoren und besondere Aspekte der Ernährungswirtschaft.* Zentrum für internationale Entwicklungs- und Umweltforschung. Frankfurt: Europäischer Verlag der Wissenschaft.

Gresh, A., Radvanyi, J., Rekacewicz, P., Samary, C., & Vidal, D. (Hrsg.). (2009). *Atlas der Globalisierung: sehen und verstehen, was die Welt bewegt.* Berlin: Le Monde diplomatique.

Haas, H.-D., & Neumair, S.-M. (2007). *Wirtschaftsgeographie.* Darmstadt: Wissenschaftliche Buchgesellschaft.

Haas, H.-D., Neumair, S.-M., & Schlesinger, D. M. (2009). *Geographie der internationalen Wirtschaft.* Darmstadt: Wissenschaftliche Buchgesellschaft.

Herod, A. (2009). *Geographies of Globalization - A Critical Indroduction.* Chichester: Wiley-Blackwell.

Knox, P. L., & Marston, S. A. (2001). *Humangeographie.* (H. Gebhardt, P. Meusburger, & D. Wastl-Walter, Hrsg.) Heidelberg, Berlin: Spektrum Akademischer Verlag.

Köller, M. (2006). *Unterschiedliche Formen von Direktinvestitionen in Irland - Eine theoriegestützte Analyse.* Diskussionspapier, Georg-August Universität Göttingen, Göttingen.

Krüger, R., & Ahlfeld, S. (2005). *Ausländische Direktinvestitionen in Entwicklungsländern - Eine überschätzte Wachstumsdeterminante?* Diskussionspapier, Justus-Liebig-Universität Giessen, Institute for Development Economics, Giessen.

Krugman, P. R., & Obstfeld, M. (2006). *Internationale Wirtschaft - Theorie und Politik der Außenwirtschaft* (7. Ausg.). München, Boston, Madrid, Amsterdam: Pearson.

Louven, S. (17. Januar 2008). Bochum fällt Nokias Standortlogik zum Opfer. *Handelsblatt* , S. 14.

OECD. (2008). *OECD Benchmark Definition of Foreign Direct Investment* (4. Aufl. Ausg.). Paris: OECD.

Santiso, J. (2007). *Die Stunde der Multilatinas - Wie multinationale Unternehmen aus Lateinamerika sich im globalen Wettbewerb positionieren.* Deutsche Bank Research, Frankfurt.

Sauvant, K. P., Maschek, W. A., & McAllister, G. (2009). Foreign Direct Investment by Emerging Market Multinational Enterprises - The Impact of the Financial Crisis and Recession and Challenges Ahead. *OECD Global Forum on International Investment.* New York.

Schätzl, L. (2000). *Wirtschaftsgeographie 2 Empirie.* Paderborn, München, Wien, Zürich: Schöningh.

Schenk, W., & Schliephake, K. (2005). *Allgemeine Anthropogeographie.* Gotha: Klett-Perthes.

UNCTAD. (1991). *World Investment Report 1991 - The Triad in foreign direct investment.* New York: United Nations.

UNCTAD. (2010). *World Investment Report 2010 - Investing in a low-carbon economy.* New York: United Nations.

Voppel, G. (1999). *Wirtschaftsgeographie - Räumliche Ordnung der Weltwirtschaft unter marktwirtschaftlichen Bedingungen.* Stuttgart, Leipzig: B. G. Teubner.

Welge, M. K., & Holtbrügge, D. (2006). *Internationales Management - Theorie, Funktionen, Fallstudien* (4. Ausg.). Stuttgart: Schäffer-Poeschel Verlag.

Winder, G. M. (2006). Webs of Enterprise 1850–1914: Applying a Broad Definition of FDI. *Annals of the Association of American Geographers* (96 (4)), 788–806.

Zemanek, H. (2004). *Investitions- und Finanzierungsverhalten Multinationaler Unternehmen.* Institut für Wirschaftsforschung Halle, Halle.